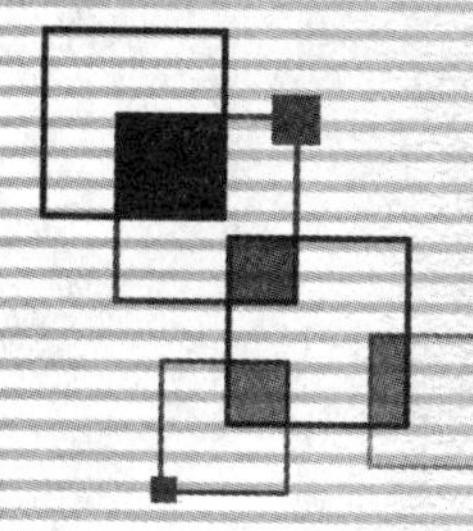

高等职业院校机电类“十二五”规划教材

数控加工实训报告书

主　编　周信安　张立昌
副主编　魏同学
主　审　侯晓方

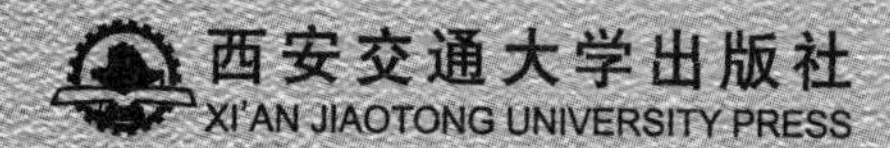

内容简介

本书由数控车床实训报告和数控铣床/加工中心实训报告两部分组成，包括实训目的及要求、实训内容、实训步骤、注意事项、思考题、实训考核、实训过程记录与总结等内容，以典型零件作为强化练习加以说明。本书知识点实用性和技能操作性强，并配套数控加工实训教材，以任务驱动为核心强化学生对知识和技能的掌握。

本书可作为高等职业技术院校数控技术、机械制造与自动化、模具设计与制造及机电一体化等专业用书，也可以作为与之相近专业师生及相关工程技术人员参考用书。

图书在版编目(CIP)数据

数控加工实训报告书/周信安，张立昌主编．—西安：西安交通大学出版社，2013.9

ISBN 978-7-5605-5732-8

Ⅰ.①数… Ⅱ.①周…②张… Ⅲ.①数控机床-加工-高等职业教育-教学参考资料 Ⅳ.①TG659

中国版本图书馆CIP数据核字(2013)第224751号

书　　名　数控加工实训报告书
主　　编　周信安　张立昌
策划编辑　雷萧屹　张　梁
责任编辑　雷萧屹　张　梁

出版发行　西安交通大学出版社
(西安市兴庆南路10号　邮政编码710049)
网　　址　http://www.xjtupress.com
电　　话　(029)82668357　82667874(发行中心)
(029)82668315　82669096(总编办)
传　　真　(029)82668280
印　　刷　陕西奇彩印务有限责任公司

开　　本　787mm×1092mm　1/16　**印张**3.25　**字数**71千字
版次印次　2013年9月第1版　2013年9月第1次印刷
书　　号　ISBN 978-7-5605-5732-8/TG·46
定　　价　10.00元

读者购书、书店添货、如发现印装质量问题，请与本社发行中心联系、调换。
订购热线：(029)82665248　(029)82665249
投稿热线：(029)82668254　QQ:8377981
读者信箱：lg_book@163.com

前 言

本书是针对高等职业院校机械类专业编写的理论与实践一体化教材,落实"教、学、做"于一体,在"做中学、做中教",保证实训技能与企业实际相符。本书是《数控加工实训》的配套用书。本书突出"实用为主,够用为度",参考数控加工工艺与编程操作教程、数控职业技能鉴定实训教程、数控机床编程与操作实训教程、数控机床刀具资料等书籍,经过反复实践与总结编写而成。

本书根据高等职业教育培养生产一线的高素质劳动者和中高级专门人才的要求,对数控机床的编程、操作知识进行了整体优化,着重对数控加工实训教材中的内容进行补充和完善,通过学习本书的内容,可强化对数控机床程序编制、工艺安排以及加工调试的能力。

本书是对数控实训过程中所学内容的总结记录和拓展,书中主要内容包括:实训目的及要求、实训内容、实训步骤、注意事项、思考题、实训考核、实训过程记录与总结等内容,以典型零件作为强化练习加以说明。本书知识点实用性和技能操作性强,并配套数控加工实训教材,以任务驱动为核心强化学生对知识和技能的掌握。

本书由陕西国防工业职业技术学院周信安、张立昌担任主编,侯晓方担任主审。其中第1篇由陕西国防工业职业技术学院魏同学、周信安编写,第2篇由陕西国防工业职业技术学院张立昌、周信安编写。

由于编者的水平和经验所限,书中难免存在不妥和错误,恳请读者批评指正。

编 者

2013年6月

目　录

第1篇　数控车床实训报告

第1章　数控车床基本知识

1.1　数控车床的相关内容

1. 实训目的

熟悉数控车削的操作规程，了解实训的数控机床所采用的数控系统功能，熟悉数控车床的操作面板、控制面板和软键功能，能够进行简单的手动操作（包括开机、关机、参考点等）。

2. 实训内容

（1）数控车床的操作面板及控制面板。

①CNC 操作面板。

②机床控制面板。

（2）数控机床的基本操作。

①开机。

②关机。

③机床回参考点。操作顺序为 1X 轴、2Z 轴。

④手动操作。

1）手动连续进给。

2）手动增量进给。

3）手动主轴运转。

4）冷却控制。

5）排屑控制。

6）手轮的控制。

7）轴超程解除。

（3）数控车床的维护与保养。

（4）文明生产和安全技术。

3. 实训步骤

(1)熟悉数控车床的操作面板及控制面板。

①CNC 操作面板。

②机床控制面板。

(2)数控车床的基本操作。

①开机。

②关机。

③机床回参考点。操作顺序为 1X 轴、2Z 轴。

④动手操作。

4. 注意事项

(1)开机前。

①检查冷却装置是否加满规定的冷却液。

②检查润滑站是否加满润滑油。

(2)开机后。

①必须将各轴回参考点。

②将主轴和进给倍率开关拨到零。

③手动连续运动操作时,将进给倍率开关拨到非零状态,数值不要太大。

④手动增量进给运动时,增量步长选择在 100 以内。

5. 实训思考题

(1)开机后为什么要回参考点?

(2)对安全文明生产的认识情况。

(3)机床润滑保养是否有必要?具体措施有哪些?

(4)简述程序建立和删除步骤。

1.2　数控车床程序编制与对刀

1. 实训目的

熟练掌握数控车削的刀具和工件的装夹;能够独立地对刀,进行参数计算以及半径补偿参数的设置和验证;能够熟练地进行程序输入、编辑以及自动加工等操作。

2. 实训内容

(1)数控车床零件程序编制。

(2)数控车削加工工件坐标系的建立与对刀。

①工件的安装与找正。

②刀具的选择与安装。

③对刀。

④参数设定及验证。

⑤自动加工。

3. 实训步骤

(1)工件的安装。

(2)刀具的安装。

(3)对刀。

(4)参数计算。

(5)设置刀补参数。

(6)验证。

(7)程序输入、编辑和程序校验。

4. 注意事项

(1)对刀前必须确定机床已经回过参考点以及机床无任何报警。

(2)不管是用寻边器对刀,还是用车刀直接对刀,都必须注意寻边器或车刀在退出时的移动方向,一旦移错方向,就有可能切废工件、折断车刀或将寻边器损坏。

5.实训思考题

(1)为什么要进行对刀操作?

(2)车床加工零件常用的装夹方式有哪几种?

(3)刀具、工件装夹时应该注意的问题。

(4)简述对刀操作步骤。

第2章　数控车削加工实训

2.1　轴类零件的加工

1. 实训目的与要求

(1)零件是由结构组成的。

只要掌握了各种轴类零件结构数控车削加工编程的结构格式内容,就可以组合演绎出千变万化的轴类零件。

(2)了解和掌握轴类零件结构编程的基本结构。

重点掌握轴类零件结构编程的结构格式。

2. 实训内容

实训教学要求如下:

(1)实训任务(图1-2-1)。

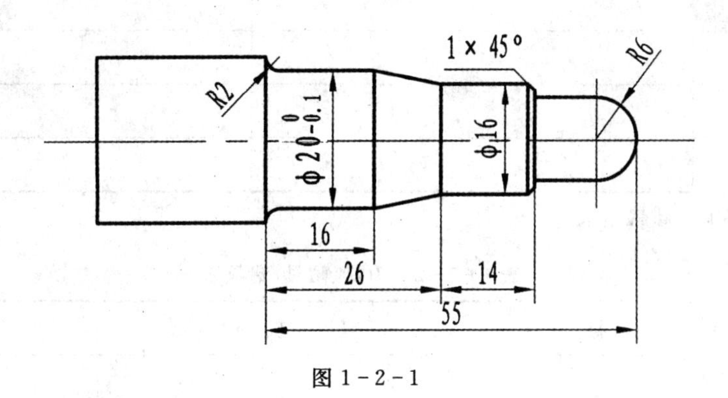

图1-2-1

(2)按照实训顺序完成此工序的各项工作(选择刀具、零件装夹方式)。

(3)按照实训顺序完成编制车削加工工序的各项工作(建立工件坐标系、计算节点坐标、绘图、选择切削用量、设置切削参数、编制程序、输入程序)。

(4)按照实训顺序依次完成车削加工的各项工作(操作数控车床、安装调整车刀、安装校正零件、对刀操作、首件试切、检测零件、调试加工程序等)。

(5)备份数据。

3. 实训步骤

(1)分析图样确定加工方法及步骤、填写工序表。

表 1-2-1 工序表

工序号	工序内容	尺寸要求

(2)刀具、附具、量具选择。

表 1-2-2 刀具、附具、量具表

序 号	名 称	规 格	数 量
1			
2			
3			
4			
5			
6			
7			
8			

(3)切削参数。

表 1-2-3　切削参数表

刀具规格	刀具号	补偿号/值	主轴转速	进给量	切削深度

(4)操作步骤。

①加工准备。

1)详细阅读零件图。

2)编制加工程序,输入程序并选择该程序。

3)工件装夹,用百分表找正。

4)确定工件零点,设定零点偏置。

5)安装刀具并对刀,设定刀具补偿参数,选择自动加工方式。

②车外轮廓

1)按自动加工功能软键进入加工区域。

2)按单段功能软键。

3)按循环启动键立即执行程序。

③测量工件。测量工件尺寸是否合格。

(5)数控加工程序。

4. 注意事项

(1)加工时应选择正确的站位和操作手势,密切注意加工情况,随时准备处理突发情况,并调整进给修调开关和主轴倍率开关,提高工件表面质量。

(2)车削加工后,需用锉刀或油石去除毛刺。

5. 实训思考题

(1)在加工过程中遇到哪些问题以及如何解决这些问题?

(2)试分析所加工零件误差产生的原因及消除办法。

6. 实训操作考核评分表

表1-2-4　数控车削加工实训考核评分表

<table>
<tr><td>实训室</td><td>设备名称及型号</td><td>零件名称</td><td>材料</td><td>图号</td><td>程序号</td></tr>
<tr><td></td><td></td><td></td><td></td><td></td><td></td></tr>
<tr><td>专业</td><td>班级</td><td>姓名</td><td>学号</td><td colspan="2">总得分</td></tr>
<tr><td></td><td></td><td></td><td></td><td colspan="2"></td></tr>
</table>

<table>
<tr><td>序号</td><td>项目</td><td colspan="2">考核内容及要求</td><td>配分</td><td>评分标准</td><td>检测结果</td><td>得分</td></tr>
<tr><td rowspan="2">1</td><td rowspan="2"></td><td></td><td>IT</td><td></td><td></td><td></td><td></td></tr>
<tr><td></td><td>Ra</td><td></td><td></td><td></td><td></td></tr>
<tr><td rowspan="2">2</td><td rowspan="2"></td><td></td><td>IT</td><td></td><td></td><td></td><td></td></tr>
<tr><td></td><td>Ra</td><td></td><td></td><td></td><td></td></tr>
<tr><td rowspan="2">3</td><td rowspan="2"></td><td></td><td>IT</td><td></td><td></td><td></td><td></td></tr>
<tr><td></td><td>Ra</td><td></td><td></td><td></td><td></td></tr>
<tr><td rowspan="2">4</td><td rowspan="2"></td><td></td><td>IT</td><td></td><td></td><td></td><td></td></tr>
<tr><td></td><td>Ra</td><td></td><td></td><td></td><td></td></tr>
<tr><td rowspan="2">5</td><td rowspan="2"></td><td></td><td>IT</td><td></td><td></td><td></td><td></td></tr>
<tr><td></td><td>Ra</td><td></td><td></td><td></td><td></td></tr>
<tr><td>6</td><td>安全文明生产</td><td colspan="4">按有关规定，每违反一项从总分中扣3分，发生重大事故取消考试，扣分不超过20分</td><td></td><td></td></tr>
<tr><td>7</td><td>程序编制</td><td colspan="4">①程序要完整，连续加工(除端面外，不允许手动加工)。②加工中有违反数控工艺(如未按小批量生产条件编程等)，视情况酌情扣分。③扣分不超过20分</td><td></td><td></td></tr>
<tr><td>8</td><td>其他项目</td><td colspan="4">①工件必须完整，工件局部无缺陷(夹伤等)。②扣分不超过10分</td><td></td><td></td></tr>
<tr><td>9</td><td>加工时间</td><td colspan="4">额定时间　　　分钟</td><td></td><td></td></tr>
</table>

2.2 槽类零件的加工

1. 实训目的与要求

(1)了解切断刀和切槽刀的种类和用途。

(2)掌握切断和切槽的功能指令、加工方法。

(3)了解切断和切槽的尺寸检验。

(4)掌握切断和切槽的加工工艺。

2. 实训内容

实训教学要求如下：

(1)实训任务(图 1-2-2)。

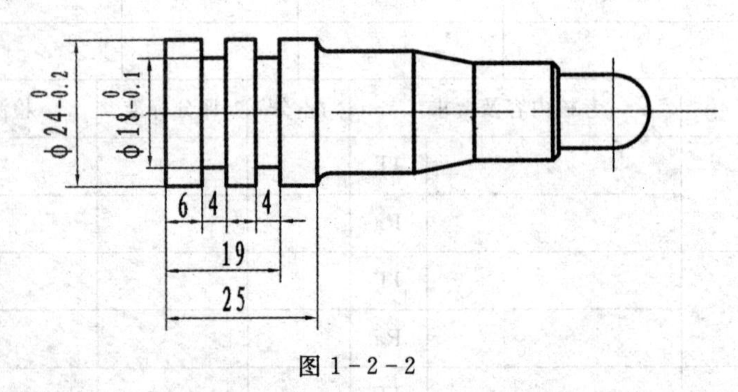

图 1-2-2

(2)按照实训顺序完成此工序的各项工作(选择刀具、零件装夹方式)。

(3)按照实训顺序完成编制车削加工工序的各项工作(建立工件坐标系、计算节点坐标、绘图、选择切削用量、设置切削参数、编制程序、输入程序)。

(4)按照实训顺序依次完成车削加工的各项工作(操作数控车床、安装调整车刀、安装校正零件、对刀操作、首件试切、检测零件、调试加工程序等)。

(5)备份数据。

3. 实训步骤

(1)分析图样确定加工方法及步骤、填写工序表。

表 1-2-5　工序表

工序号	工序内容	尺寸要求

(2)刀具、附具、量具选择。

表 1-2-6　刀具、附具、量具表

序 号	名 称	规 格	数 量
1			
2			
3			
4			
5			
6			
7			
8			

(3)切削参数。

表 1-2-7　切削参数表

刀具规格	刀具号	补偿号/值	主轴转速	进给量	切削深度

(4)操作步骤。

①加工准备。

1)详细阅读零件图。

2)编制加工程序,输入程序并选择该程序。

3)工件装夹,用百分表找正。

4)确定工件零点,设定零点偏置。

5)安装刀具并对刀,设定刀具补偿参数,选择自动加工方式。

②车槽轮廓。

1)按自动加工功能软键进入加工区域。

2)按单段功能软键。

3)按循环启动键立即执行程序。

③测量工件。测量工件尺寸是否合格。

(5)数控加工程序。

4. 注意事项

(1)加工时应选择正确的站位和操作手势，密切注意加工情况，随时准备处理突发情况，并调整进给修调开关和主轴倍率开关，提高工件表面质量。

(2)车削加工后，需用锉刀或油石去除毛刺。

5. 实训思考题

(1)在加工过程中遇到哪些问题以及如何解决这些问题？

(2)试分析所加工零件误差产生的原因及消除办法。

6. 实训操作考核评分表

表1-2-8　数控车削实训操作考核评分表

实训室	设备名称及型号	零件名称	材料	图号	程序号
专业	班级	姓名	学号	总得分	

序号	项目	考核内容及要求		配分	评分标准	检测结果	得分
1			IT				
			Ra				
2			IT				
			Ra				
3			IT				
			Ra				
4			IT				
			Ra				

续表 1-2-8

序号	项目	考核内容及要求		配分	评分标准	检测结果	得分
5			IT				
			Ra				
6	安全文明生产	按有关规定，每违反一项从总分中扣 3 分，发生重大事故取消考试，扣分不超过 20 分					
7	程序编制	①程序要完整，连续加工（除端面外，不允许手动加工）。②加工中有违反数控工艺（如未按小批量生产条件编程等），视情况酌情扣分。③扣分不超过 20 分					
8	其他项目	①工件必须完整，工件局部无缺陷（夹伤等）。②扣分不超过 10 分					
9	加工时间	额定时间　　　分钟					

2.3 螺纹类零件的加工

1. 实训目的与要求

(1)了解数控车床加工螺纹的加工原理，比较其与普通车床加工螺纹的方法的异同。

(2)了解螺纹加工工艺，掌握螺纹加工编程指令。

2. 实训内容

实训教学要求如下：

(1)实训任务(图 1-2-3)。

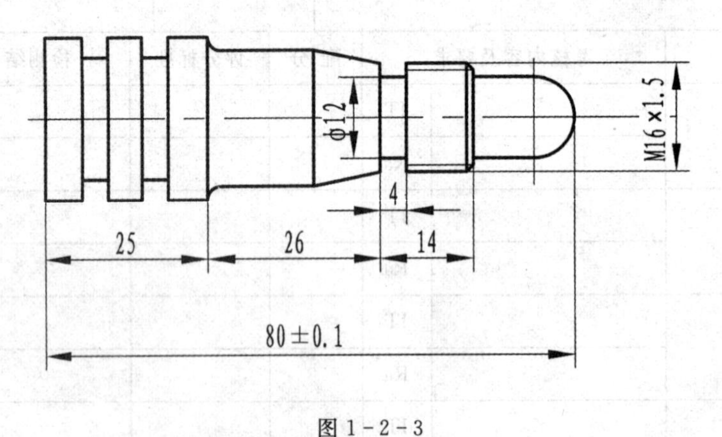

图 1-2-3

(2)按照实训顺序完成此工序的各项工作(选择刀具、零件装夹方式)。

(3)按照实训顺序完成编制车削加工工序的各项工作(建立工件坐标系、计算节点坐标、绘图、选择切削用量、设置切削参数、编制程序、输入程序)。

(4)按照实训顺序依次完成车削加工的各项工作(操作数控车床、安装调整车刀、安装校正零件、对刀操作、首件试切、检测零件、调试加工程序等)。

(5)备份数据。

3. 实训步骤

(1)分析图样确定加工方法及步骤,填写工序表。

表 1-2-9　工序表

工序号	工序内容	尺寸要求

(2)刀具、附具、量具选择。

表 1-2-10　刀具、附具、量具表

序 号	名 称	规 格	数 量
1			
2			
3			
4			
5			
6			
7			
8			

(3)切削参数。

表 1-2-11　切削参数表

刀具规格	刀具号	补偿号/值	主轴转速	进给量	切削深度

(4)操作步骤。

①加工准备。

1)详细阅读零件图。

2)编制加工程序,输入程序并选择该程序。

3)工件装夹,用百分表找正。

4)确定工件零点,设定零点偏置。

5)安装刀具并对刀,设定刀具补偿参数,选择自动加工方式。

②车外螺纹

1)按自动加工功能软键进入加工区域。

2)按单段功能软键。

3)按循环启动键立即执行程序。

③测量工件。测量工件尺寸是否合格。

(5)数控加工程序。

4. 注意事项

(1)加工时应选择正确的站位和操作手势,密切注意加工情况,随时准备处理突发情况,并调整进给修调开关和主轴倍率开关,提高工件表面质量。

(2)车削加工后,需用锉刀或油石去除毛刺。

5. 实训思考题

(1)绘制出运行程序的轨迹。

(2)车削螺纹时为何要分多次吃刀？

6.实训操作考核评分表

表 1-2-12　数控车削实训操作考核评分表

实训室	设备名称及型号	零件名称	材 料	图 号	程序号

专 业	班 级	姓 名	学 号	总得分

序 号	项 目	考核内容及要求		配 分	评分标准	检测结果	得 分
1			IT				
			Ra				
2			IT				
			Ra				
3			IT				
			Ra				
4			IT				
			Ra				
5			IT				
			Ra				
6	安全文明生产	按有关规定，每违反一项从总分中扣 3 分，发生重大事故取消考试，扣分不超过 20 分					
7	程序编制	①程序要完整，连续加工(除端面外，不允许手动加工)。②加工中有违反数控工艺(如未按小批量生产条件编程等)，视情况酌情扣分。③扣分不超过 20 分					
8	其他项目	①工件必须完整，工件局部无缺陷(夹伤等)。②扣分不超过 10 分					
9	加工时间	额定时间　　　分钟					

2.4 盘类零件的加工

1. 实训目的与要求

(1)能对盘套零件进行数控加工工艺分析、设计。

(2)能够掌握盘套零件编程,并巩固盘套零件的加工编程方法。

(3)学习并掌握数控车削加工盘套零件的方法。

2. 实训内容

实训教学要求如下:

(1)实训任务(图 1-2-4)。

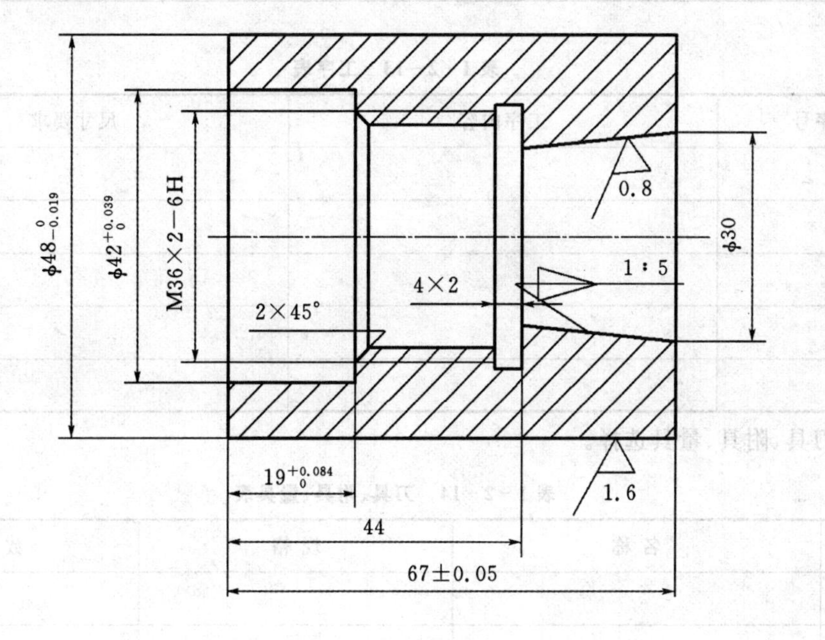

图 1-2-4

(2)按照实训顺序完成此工序的各项工作(选择刀具、零件装夹方式)。

(3)按照实训顺序完成编制车削加工工序的各项工作(建立工件坐标系、计算节点坐标、绘图、选择切削用量、设置切削参数、编制程序、输入程序)。

(4)按照实训顺序依次完成车削加工的各项工作(操作数控车床、安装调整车刀、安装校正零件、对刀操作、首件试切、检测零件、调试加工程序等)。

(5)备份数据。

3. 实训步骤

(1)分析图样确定加工方法及步骤、填写工序表。

表 1-2-13 工序表

工序号	工序内容	尺寸要求

(2)刀具、附具、量具选择。

表 1-2-14 刀具、附具、量具表

序 号	名 称	规 格	数 量
1			
2			
3			
4			
5			
6			
7			
8			

(3)切削参数。

表 1-2-15　切削参数表

刀具规格	刀具号	补偿号/值	主轴转速	进给量	切削深度

(4)操作步骤。

1)加工准备

①详细阅读零件图。

②编制加工程序,输入程序并选择该程序。

③工件装夹,用百分表找正。

④确定工件零点,设定零点偏置。

⑤安装刀具并对刀,设定刀具补偿参数,选择自动加工方式。

2)车内轮廓。

①按自动加工功能软键进入加工区域。

②按单段功能软键。

③按循环启动键立即执行程序。

3)测量工件。测量工件尺寸是否合格。

(5)数控加工程序。

4. 注意事项

(1)加工时应选择正确的站位和操作手势，密切注意加工情况，随时准备处理突发情况，并调整进给修调开关和主轴倍率开关，提高工件表面质量。

(2)车削加工后，需用锉刀或油石去除毛刺。

5. 实训思考题

(1)在加工过程中遇到哪些问题以及如何解决这些问题？

(2)试分析所加工零件误差产生的原因及消除办法。

6. 实训操作考核评分表

表 1-2-16　数控车削实训操作考核评分表

<table>
<tr><td colspan="2">实训室</td><td>设备名称及型号</td><td colspan="2">零件名称</td><td>材 料</td><td>图 号</td><td>程序号</td></tr>
<tr><td colspan="2"></td><td></td><td colspan="2"></td><td></td><td></td><td></td></tr>
<tr><td colspan="2">专 业</td><td>班级</td><td colspan="2">姓 名</td><td>学 号</td><td colspan="2">总得分</td></tr>
<tr><td colspan="2"></td><td></td><td colspan="2"></td><td></td><td colspan="2"></td></tr>
<tr><td>序 号</td><td>项 目</td><td colspan="2">考核内容及要求</td><td>配 分</td><td>评分标准</td><td>检测结果</td><td>得 分</td></tr>
<tr><td rowspan="2">1</td><td rowspan="2"></td><td rowspan="2"></td><td>IT</td><td></td><td></td><td></td><td></td></tr>
<tr><td>Ra</td><td></td><td></td><td></td><td></td></tr>
<tr><td rowspan="2">2</td><td rowspan="2"></td><td rowspan="2"></td><td>IT</td><td></td><td></td><td></td><td></td></tr>
<tr><td>Ra</td><td></td><td></td><td></td><td></td></tr>
<tr><td rowspan="2">3</td><td rowspan="2"></td><td rowspan="2"></td><td>IT</td><td></td><td></td><td></td><td></td></tr>
<tr><td>Ra</td><td></td><td></td><td></td><td></td></tr>
<tr><td rowspan="2">4</td><td rowspan="2"></td><td rowspan="2"></td><td>IT</td><td></td><td></td><td></td><td></td></tr>
<tr><td>Ra</td><td></td><td></td><td></td><td></td></tr>
<tr><td rowspan="2">5</td><td rowspan="2"></td><td rowspan="2"></td><td>IT</td><td></td><td></td><td></td><td></td></tr>
<tr><td>Ra</td><td></td><td></td><td></td><td></td></tr>
<tr><td>6</td><td>安全文明生产</td><td colspan="4">按有关规定，每违反一项从总分中扣 3 分，发生重大事故取消考试，扣分不超过 20 分</td><td colspan="2"></td></tr>
<tr><td>7</td><td>程序编制</td><td colspan="4">①程序要完整，连续加工(除端面外，不允许手动加工)。②加工中有违反数控工艺(如未按小批量生产条件编程等)，视情况酌情扣分。③扣分不超过 20 分</td><td colspan="2"></td></tr>
<tr><td>8</td><td>其他项目</td><td colspan="4">①工件必须完整，工件局部无缺陷(夹伤等)。②扣分不超过 10 分</td><td colspan="2"></td></tr>
<tr><td>9</td><td>加工时间</td><td colspan="4">额定时间　　　分钟</td><td colspan="2"></td></tr>
</table>

2.5 综合零件的加工

1.实训目的

(1)能够利用所学内容确定简单零件数控加工工艺,选择刀具、夹具和量具。

(2)能够熟练的利用所学编程指令编写数控加工程序。

(3)能够熟练操作并在数控机床上把工件加工出来。

2.实训内容

实训教学要求如下:

(1)实训任务(图 1-2-5)。

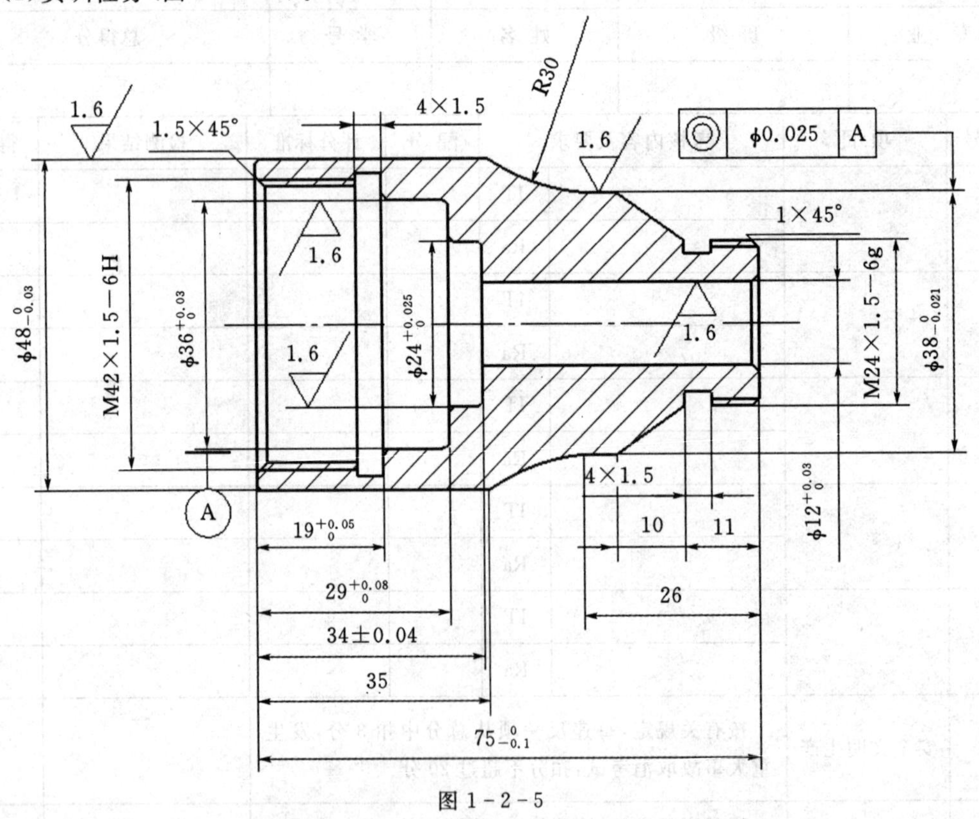

图 1-2-5

(2)按照实训顺序完成此工序的各项工作(选择刀具、零件装夹方式)。

(3)按照实训顺序完成编制车削加工工序的各项工作(建立工件坐标系、计算节点坐标、绘图、选择切削用量、设置切削参数、编制程序、输入程序)。

(4)按照实训顺序依次完成车削加工的各项工作(操作数控车床、安装调整车刀、安装校正零件、对刀操作、首件试切、检测零件、调试加工程序等)。

(5)备份数据。

3. 实训步骤

(1)分析图样确定加工方法及步骤，填写工序表。

表 1－2－17　工序表

工序号	工序内容	尺寸要求

(2)刀具、附具、量具选择。

表 1－2－18　刀具、附具、量具表

序 号	名 称	规 格	数 量
1			
2			
3			
4			
5			
6			
7			
8			

(3)切削参数。

表 1-2-19　切削参数表

刀具规格	刀具号	补偿号/值	主轴转速	进给量	切削深度

(4)操作步骤。

①加工准备。

1)详细阅读零件图。

2)编制加工程序,输入程序并选择该程序。

3)工件装夹,用百分表找正。

4)确定工件零点,设定零点偏置。

5)安装刀具并对刀,设定刀具补偿参数,选择自动加工方式。

②车内外轮廓。

1)按自动加工功能软键进入加工区域。

2)按单段功能软键。

3)按循环启动键立即执行程序。

③测量工件。测量工件尺寸是否合格。

(5)数控加工程序。

4. 注意事项

(1)加工时应选择正确的站位和操作手势，密切注意加工情况，随时准备处理突发情况，并调整进给修调开关和主轴倍率开关，提高工件表面质量。

(2)车削加工后，需用锉刀或油石去除毛刺。

5. 实训思考题

(1)在加工过程中遇到哪些问题以及如何解决这些问题？

(2)试分析所加工零件误差产生的原因及消除办法。

6.实训操作考核评分表

表 1-2-20　数控实习实训操作考核评分表

实训室	设备名称及型号	零件名称	材 料	图 号	程序号
专　业	班 级	姓 名	学 号	总得分	

序 号	项 目	考核内容及要求		配 分	评分标准	检测结果	得 分
1			IT				
			Ra				
2			IT				
			Ra				
3			IT				
			Ra				
4			IT				
			Ra				
5			IT				
			Ra				
6	安全文明生产	按有关规定,每违反一项从总分中扣 3 分,发生重大事故取消考试,扣分不超过 20 分					
7	程序编制	①程序要完整,连续加工(除端面外,不允许手动加工)。②加工中有违反数控工艺(如未按小批量生产条件编程等),视情况酌情扣分。③扣分不超过 20 分					
8	其他项目	①工件必须完整,工件局部无缺陷(夹伤等)。②扣分不超过 10 分					
9	加工时间	额定时间　　分钟					

第 3 章　实训过程记录与总结

3.1　实训记录

时 间	实训内容	掌握程度及存在问题

3.2 实训总结

3.3　实训建议

3.4　教师评语

第 2 篇　数控铣床/加工中心实训报告

实训过程记录

时 间	实训内容	掌握程度及存在问题

实训课题一　槽、内型腔零件

任务名称	槽、内型腔零件的加工工艺编制及数控加工
零　件	槽、内型腔零件　见图 2－1－1
生产要求	在数控铣或加工中心的条件下完成任务
任务要求	制定槽、内型腔零件的加工工艺，编写数控加工程序，并操作数控铣或加工中心完成零件的加工
完成任务步骤	分析零件信息、加工要求，工艺与程序编制方法等信息，数控加工工艺规程的制定：加工工序的确定、数控加工程序的编制、填写数控加工工艺卡、程序单，制定总体工作计划等，制定工艺过程，零件的装夹方法，刀具的选用，毛坯大小的确定 操作数控铣或加工中心完成零件的加工。

1. 应用指令

(1)数控铣床铣削循环编程

(2)加工中心旋转、镜像、子程序编程

2. 任 务

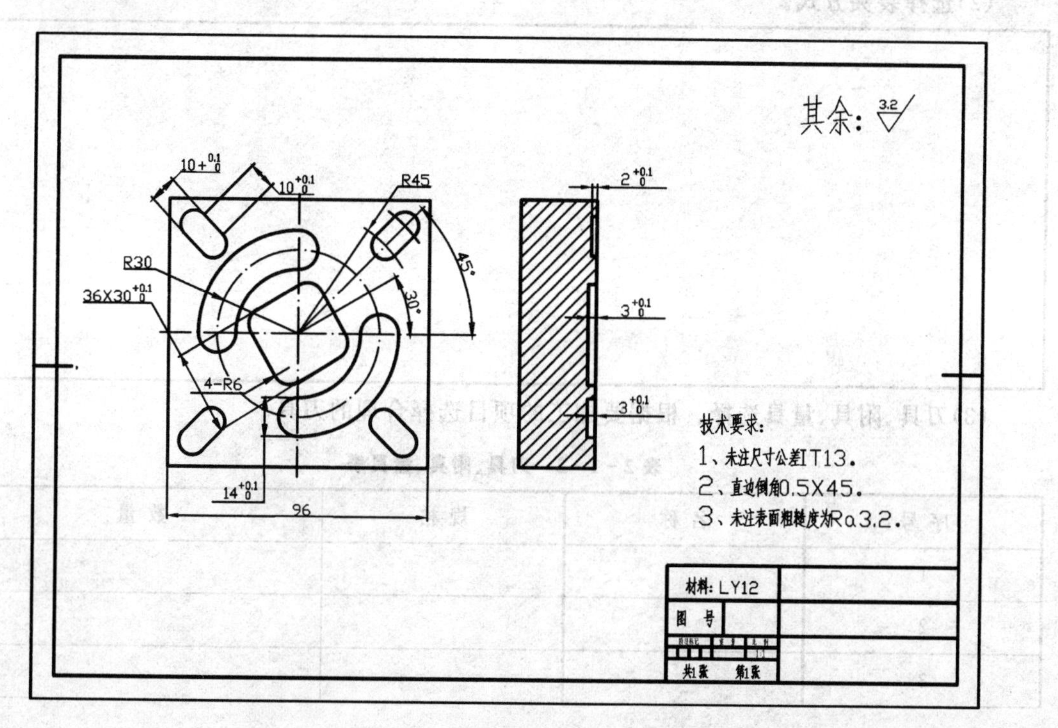

图 2－1－1

任务实施

(1)分析图样确定加工方法及步骤、填写工序表。

表 2-1-1　工序表

工序号	工序内容	尺寸要求

(2)选择装夹方式。

(3)刀具、附具、量具选择。根据要加工的项目选择合理的刀具。

表 2-1-2　刀具、附具、量具表

序 号	名 称	规 格	数 量
1			
2			
3			

续表 2-1-2

序号	名称	规格	数量
4			
5			
6			
7			
8			
9			
10			

(4)切削参数。

表 2-1-3　切削参数表

刀具规格	刀具号	补偿号/值	主轴转速	进给量	切削深度

(5)数控加工程序。

(6)加工中容易出现的问题和解决方案。

实训课题二 复杂零件

1. 子程序、镜像、极坐标、孔加工循环编程

任务名称	复杂零件加工的加工工艺编制及数控加工
零 件	复杂零件 见图 2-2-1
生产要求	在数控铣或加工中心的条件下完成任务
任务要求	制定复杂零件的加工工艺，编写数控加工程序，并操作数控铣或加工中心完成零件的加工
完成任务步骤	分析零件信息、加工要求，工艺与程序编制方法等信息，数控加工工艺规程的制定：加工工序的确定、数控加工程序的编制、填写数控加工工艺卡、程序单，制定总体工作计划等，制定工艺过程，零件的装夹方法，刀具的选用，毛坯大小的确定 操作数控铣或加工中心完成零件的加工。

2. 应用指令

数控铣床、加工中心子程序、镜像、极坐标、孔加工循环编程

3. 任 务

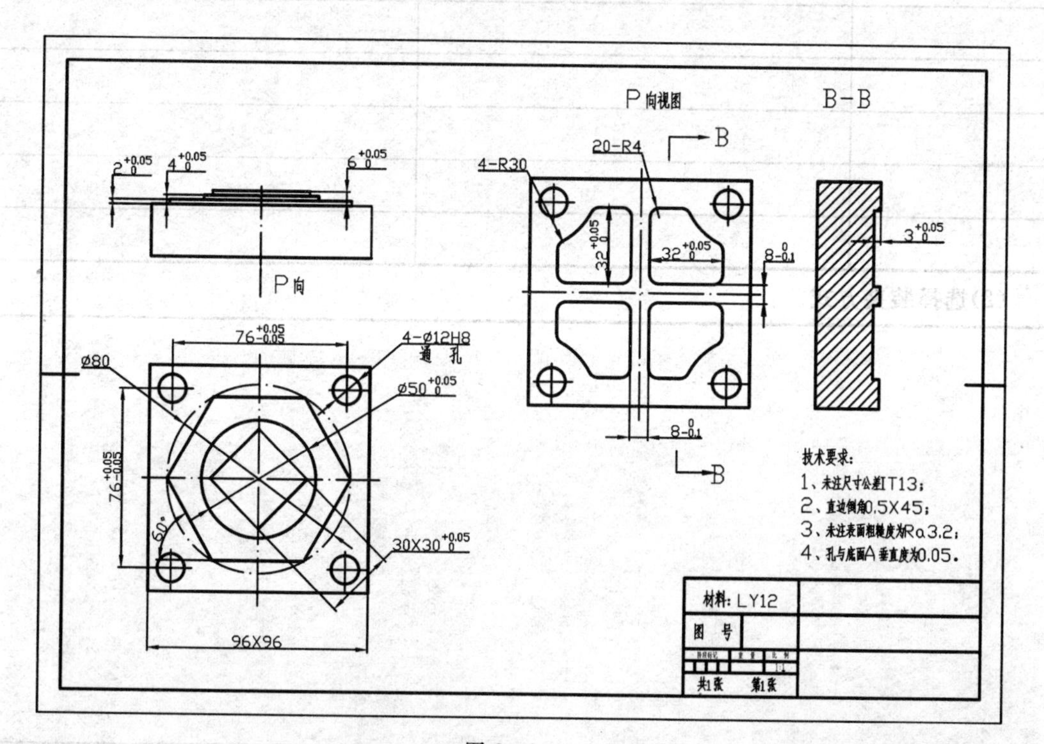

图 2-2-1

任务实施

(1)分析图样确定加工方法及步骤、填写工序表。

表 2-2-1 工序表

工序号	工序内容	尺寸要求

(2)选择装夹方式。

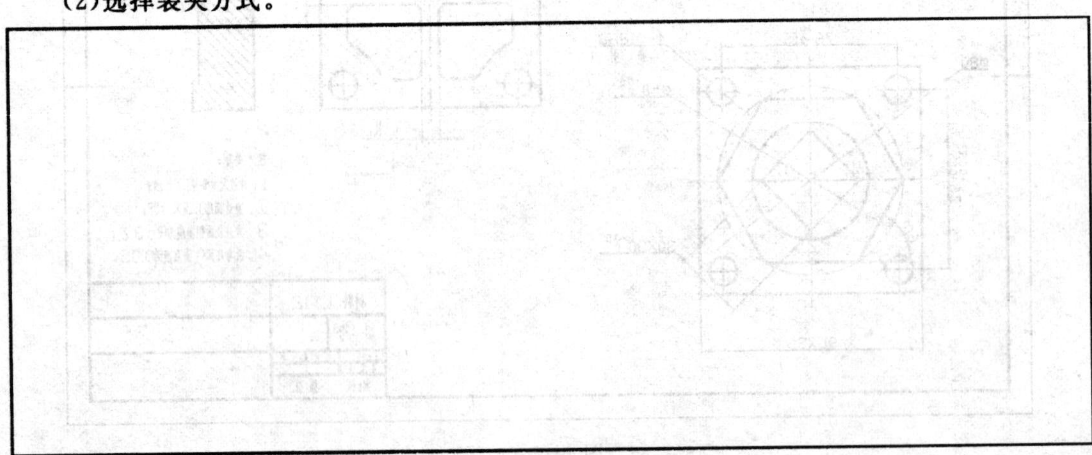

(3)刀具、附具、量具选择　根据要加工的项目选择合理的刀具。

表 2-2-2　刀具、附具、量具表

序 号	名 称	规 格	数 量
1			
2			
3			
4			
5			
6			
7			
8			
9			
10			

(4)切削参数。

表 2-2-3　切削参数表

刀具规格	刀具号	补偿号/值	主轴转速	进给量	切削深度

(5)数控加工程序。

(6)加工中容易出现的问题和解决方案。

实训课题三　配合零件

1. 刀具半径补偿的使用

任务名称	配合零件加工的加工工艺编制及数控加工
零件	配合零件　见图 2-3-1
生产要求	在数控铣或加工中心的条件下完成任务
任务要求	制定配合零件的加工工艺，编写数控加工程序，并操作数控铣或加工中心完成零件的加工
完成任务步骤	分析零件信息、加工要求，工艺与程序编制方法等信息，数控加工工艺规程的制定：加工工序的确定、数控加工程序的编制、填写数控加工工艺卡、程序单，制定总体工作计划等，制定工艺过程，零件的装夹方法，刀具的选用，毛坯大小的确定 操作数控铣或加工中心完成零件的加工。

2. 任 务

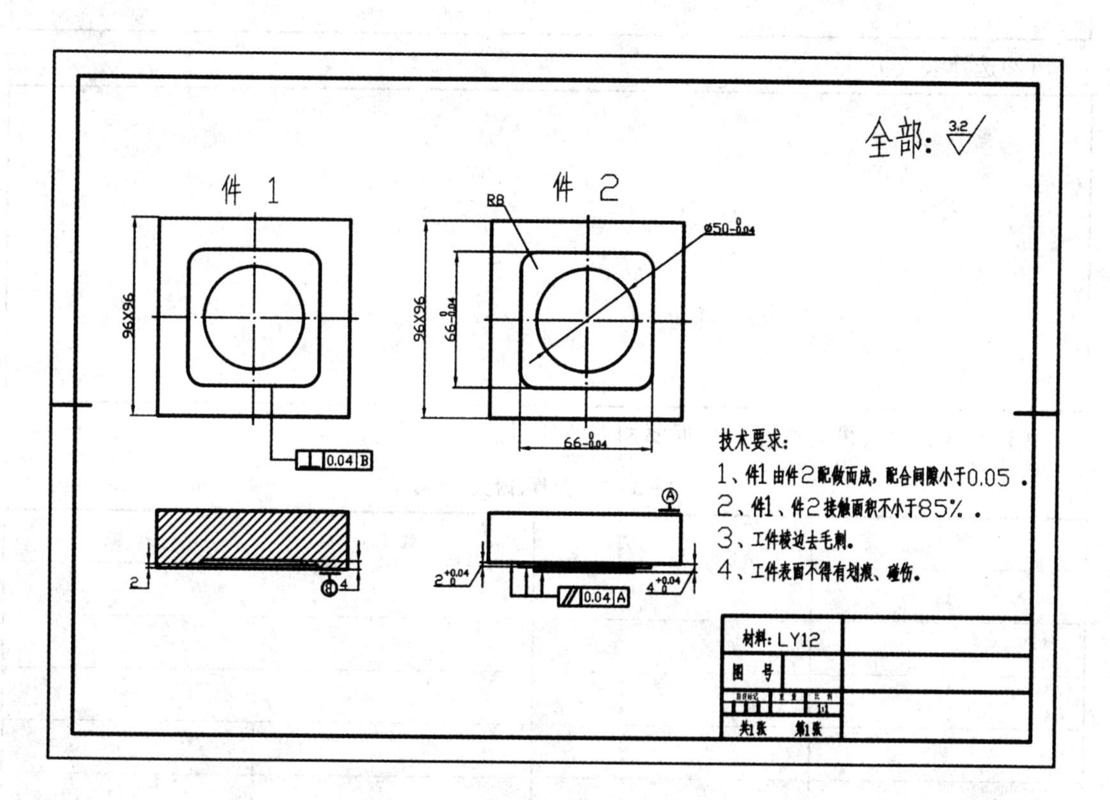

图 2-3-1

任务实施

(1)分析图样确定加工方法及步骤、填写工序表。

表 2-3-1　工序表

工序号	工序内容	尺寸要求

(2)选择装夹方式

(3)刀具、附具、量具选择　根据要加工的项目选择合理的刀具。

表 2-3-2　刀具、附具、量具表

序 号	名 称	规 格	数 量
1			
2			
3			
4			
5			

续表 2-3-2

序号	名称	规格	数量
6			
7			
8			
9			
10			

(4)切削参数。

表 2-3-3　切削参数表

刀具规格	刀具号	补偿号/值	主轴转速	进给量	切削深度

(5)数控加工程序。

(6)加工中容易出现的问题和解决方案。

实训总结

实 训 建 议

评　语

指导教师____________

日　期____________